MONOGRAPHIE

DU

GENRE SISYPHE;

PAR M. GORY,

MEMBRE DE LA SOCIÉTÉ D'HISTOIRE NATURELLE DE PARIS.

PARIS.

CHEZ MÉQUIGNON-MARVIS PÈRE ET FILS, LIBRAIRES,

RUE DU JARDINET, N° 13.

—

1833.

M. Latreille, qui a établi ce genre, n'a connu que deux espèces : la première est le *Scarabæus Schæfferi* de Linnée, et la deuxième l'*Ateuchus Minutus* de Fabricius. MM. Lepelletier de Saint-Fargeau et Serville, dans leur dixième volume, deuxième et dernière partie des *Insectes de l'Encyclopédie*, ont désigné le *Scarabée Muriqué* d'Olivier comme devant appartenir à ce genre. Depuis quelque temps, s'étant accru de beaucoup de nouvelles espèces, j'ai donc cru qu'il ne serait pas inutile de les publier : c'est donc ce motif qui m'a décidé à en faire une petite *Monographie*, publication bien préférable à toutes les autres, en ce qu'elle met en même temps sous les yeux de l'amateur toutes les espèces du même genre.

Il comprendra donc *douze espèces*, dont *neuf* étaient inédites. Je me recommande aux amateurs qui en auraient de nouvelles dans leurs collections, me proposant d'y joindre un petit supplément.

MONOGRAPHIE

DU

GENRE SISYPHE.

M. Latreille, dans son *Genera Crustaceorum et Insecto rum*, tom. 2, pag. 79, paru en 1807, a formé le genre *Sisyphe, Sisyphus*, sur un des *Scarabées* de Linnée, Olivier, des *Copris* de Geoffroy, des *Ateuchus* de Weber, Fabricius et Illiger, et il lui a reconnu ces caractères :

Antennæ articulis octo; corpus diametris transverso et perpendiculari haud valde inæqualibus, subtrigono-ovatum; *coleoptra* triangulum efformantia; *pedes* elongati; postici corpore dimidio ut amplius longiores (femoribus clavatis).

Observationes. Femora antica fasciculo pilorum ut in Ateuchis ultimæ sectionis; tibiæ quatuor anticæ elongato-trigonæ compressæ; posticæ multo longiores, graciles, arcuatæ, ad apicem, sicuti intermediæ, transversæ truncatæ, calcare unico; tarsi elongati, filiformes.

Plus tard, MM. Lepelletier de Saint-Fargeau et Serville, dans le dixième volume, deuxième et dernière partie des *Insectes* de *l'Encyclopédie*, pag. 438, en conservant ce genre, ont donné ces caractères :

Antennes de huit articles; le premier long, presque

cylindrique, un peu comprimé; le second globuleux, plus
gros que les suivants; ceux-ci peu distincts; les quatrième
et cinquième cupulaires; les trois derniers formant une
massue libre, lamellée, plicatile, ovale. *Labre* et *mandi-
bules* cachés, de consistance membraneuse. *Mâchoires*
terminées par un grand lobe membraneux. *Palpes maxil-
laires* de quatre articles; les second et troisième courts,
coniques; le quatrième plus long que les deux précédents
réunis, fusiforme, se terminant presque en pointe; *palpes
labiaux* velus; leur dernier article peu distinct. *Lèvre*
membraneuse, cachée par le menton. *Tête* presque cir-
culaire, un peu prolongée postérieurement, mutique dans
les deux sexes. *Chaperon* muni au bord antérieur de deux
à six dents. *Yeux* paraissant très-peu en dessus. *Corps*
court, épais, convexe en dessus et en dessous. *Corselet*
mutique, très-bombé; son bord antérieur échancré pour
recevoir la tête; bords latéraux coupés presque droit de
leur milieu à l'angle du bord postérieur; celui-ci arrondi.
Écusson nul. *Élytres* presque triangulaires, n'ayant ni
échancrures ni sinuosités à leur partie extérieure, laissant
à découvert l'extrémité de l'abdomen et recouvrant des
ailes. *Abdomen* court, épais, presque triangulaire. *Pattes*
assez velues; les postérieures beaucoup plus longues que
le corps; hanches intermédiaires très-écartées entre elles;
les autres rapprochées. *Jambes* intermédiaires et postérieures très-dilatées à leur extrémité, presque cylindri-
ques, arquées. *Tarses* composés d'articles cylindro-co-
niques; crochets fort grands.

J'ajouterai à ces caractères que toujours, dans les mâles,
il existe aux fémurs postérieurs des épines en forme de

crochets en plus ou moins grand nombre. Les *Sisyphes* vivent dans les fientes d'animaux, dont ils forment des boules qu'ils roulent pendant quelque temps et enfouissent ensuite après y avoir déposé leurs œufs. Leur larve et leurs métamorphoses diffèrent peu de celles des *Oryctes*.

ESPÈCES.

SISYPHUS MURICATUS. *Oliv.* Cap B.-Esp.

(Du cabinet de M. Gory.)

Long. 5 lignes. Larg. 3 lignes.

Exscutellatus, muticus, niger ; thorace antice utrinque producto truncato.

OLIV. *Ins.* 1. p. 188. n° 259. pl. 27. fig. 240.

Chaperon bidenté. Corselet rugueux, avec une forte dilatation tronquée et ciliée de chaque côté antérieur.

Élytres avec quatre rangées longitudinales de petites épines élevées. Trois petites dents du côté externe aux pattes antérieures ; une à la naissance des fémurs intermédiaires et de ceux postérieurs : dans les mâles, une forte dent au milieu des postérieurs, et une plus petite à la base.

Entièrement noir.

MM. de Saint-Fargeau et Serville, dans leur tome 10, deuxième et dernière partie de *l'Encyclopédie*, p. 438, au genre *Sisyphe*, disent qu'ils pensent que l'on doit rapporter à ce genre le *Scarabée Muriqué* d'Olivier. Ayant été

assez heureux pour le recevoir depuis, je me suis convaincu que leur pressentiment était réel : c'est un véritable
Sisyphe, se trouvant au cap de Bonne-Espérance, et non
dans l'Amérique méridionale, comme le cite Olivier.

SISYPHUS SPINIPES. *Gory.* Cap B.-Esp.
SISYPHUS DENTIPES. *Dej. Cat.* p. 52.
(Du cabinet de M. Gory.)

Long. 5 lignes. Larg. 3 lignes.

Nigro-pilosus ; clypeo emarginato ; femoribus intermediis
unidentatis , posticis elongatis quadridentatis.

Chaperon bidenté. Corselet rugueux, arrondi, ayant
ses côtés latéraux très-déprimés et une ligne longitudinale
dans son milieu.

Suture des élytres assez saillante; celles-ci avec quel-
ques petites lignes longitudinales ponctuées.

Fémurs intermédiaires avec une longue épine près de
leur jonction avec les tibias; ceux-ci très-arqués à leur
naissance, et une assez forte dent placée au milieu de
leur longueur.

Fémurs postérieurs très-robustes et aplatis, avec quatre
petites dents placées, la première près de leur naissance,
les deuxième et troisième à leur milieu, et la quatrième
à leur terminaison; les tibias postérieurs ont à leur naissance une forte dilatation du côté externe.

Entièrement noir.

La femelle a seulement une petite dent à l'extrémité
des fémurs intermédiaires et postérieurs.

Sisyphus Quadricollis. *Gory.* Cap B.-Esp.
(Du cabinet de M. Gory.)

Long. 5 lignes $\frac{1}{2}$. Larg. 3 lignes.

Nigro-ferrugineus ; thorace quadrato piloso ; elytris striatis ; striis ferrugineis, spinosis ; pedibus intermediis femoribus posticisque dentatis.

Corselet lisse, couvert de poils roux, coupé droit sur ses côtés, avec une petite impression dans son milieu.

Élytres moins triangulaires que dans toutes les autres espèces, striées; dans ces stries, de petites épines assez rapprochées les unes des autres.

A la naissance des pattes intermédiaires, un petit crochet.

A la naissance des fémurs postérieurs, un crochet assez fort.

Entièrement noir, avec des reflets ferrugineux : les stries des élytres le sont entièrement.

Sisyphus Schoefferi. *Fabr.* Europe.
(Du cabinet de M. Gory.)

Long. 3 lignes $\frac{1}{2}$. Larg. 2 lignes $\frac{1}{4}$.

Niger ; clypeo emarginato ; thorace rotundato ; elytris triangulis ; femoribus posticis elongatis dentatis.

Linn. *Syst. Nat.* 2. 550. 41.
Fabr. *Entom. Syst.* 1. 66. 220.

Fabr. *Syst. Eleuth.* 1. 59. 22.
Oliv. *Ins.* 1. 3. 164. 201. tab. 5. fig. 41.
Geoff. *Ins.* 1. 92. 9.
Jabl. *Coleopt.* 2. tab. 20. fig. 3.
Schoeff. *Icon.* tab. 5. fig. 8.
Voet. *Scarab.* tab. 25. fig. 17.
Scop. *Entom. Carn.* n° 24. *Scar. Longipes.*
Faur. *Entom. Par.* p. 1. p. 15. n° 9.
Vill. *Entom.* t. 1. p. 22. n° 33.
Latreille. *Hist. nat. des Crust. et des Insect.* t. 10.
p. 97. pl. 82. fig. 2.
Panz. *Faun. Insect. Germ.* Fasc. 48. fig. 9.

Chaperon bidenté. Corselet ponctué, bombé, échancré
antérieurement, arrondi postérieurement.

Élytres courtes, avec des stries peu marquées; les stries
et les intervalles finement ponctués, et, vers leur extrémité, une petite élévation.

Les fémurs des pattes postérieures ont une petite dent
à la base et une assez longue épine à l'extrémité.

Les pattes antérieures tridentées.

Entièrement noir.

M. Carcel a envoyé de Smyrne plusieurs individus qui
sont tout-à-fait identiques avec cette espèce.

Olivier, dans sa collection, avait assigné le nom de
Vestitus à un individu rapporté d'Orient, qui ne diffère
non plus du *Schœfferi* : j'ai donc dû le réunir à cette espèce, après un mûr examen. Cet individu m'a été prêté
par M. Chevrolat, qui a acheté la collection de cet auteur.

Fischer, dans son *Entomographie de la Russie*, tom. 2,

p. 209, pl. 27, fig. 2, a assigné le nom de *Tanscheri* à un individu qui me paraît être tout-à-fait identique avec le mâle du *Schœfferi*. Dans la description qu'il en donne, il établit les différences du *Tanscheri* sur les stries des élytres et la couleur du corps, qui est un peu bronzé; mais je retrouve les mêmes stries dans le mâle du *Schœfferi* : j'ai donc cru devoir le réunir à ce dernier. Je présume que cet auteur n'avait vu que des femelles du *Schœfferi*.

Cet auteur parle aussi d'une autre espèce qu'il a dédiée au botaniste Boschnak, qui ne me paraît pas différer non plus du *Schœfferi*.

SISYPHUS HESSII. *Illiger.* Cap B.-Esp.

(Du cabinet de M. Gory.)

Long. 4 lignes. Larg. 2 lignes ¼.

Brunneus; clypeo sexdentato; thorace disco æneo; elytris subtilissime striatis.

Chaperon avec six petites dents. Corselet bombé, peu arrondi postérieurement, coupé droit sur ses côtés avec une petite ligne longitudinale dans son milieu.

Élytres finement striées, avec des poils courts et assez serrés dans les stries.

Une petite épine à la naissance des fémurs postérieurs.

Brun, avec le disque du corselet et l'abdomen bronzés; pattes et bords latéraux du corselet plus pâles que le reste du corps.

Cette espèce n'a point été décrite.

Sisyphus Rugosus. *Gory.* Cap B.-Esp.

(Du cabinet de M. Gory.)

Long. 4 lignes. Larg. 2 lignes ½.

Niger ; clypeo emarginato læve ; thorace quadrato punctato ; elytris punctatis rugosis ; femoribus posticis bidentatis.

Chaperon lisse , bidenté.
Corselet bombé , ponctué , presque carré.
Élytres avec des rangées longitudinales de petits points élevés ; rugueuses le long de la suture.
Fémurs postérieurs avec deux forts crochets.
Entièrement noir.

Sisyphus Capensis. *Gory.* Cap. B.-Esp.

(Du cabinet de M. Gory.)

Long. 5 lignes ½. Larg. 2 lignes.

Niger ; clypeo emarginato ; capite thoraceque punctatis ; elytris subtilissime lineatis punctatisque.

Il ressemble beaucoup au *Schœfferi* ; il en diffère cependant par la ponctuation de la tête et du corselet, qui est plus marquée , et par les premiers articles des antennes, qui sont plus rouges ; les élytres sont aussi moins triangulaires et un peu moins planes.

SISYPHUS ARMATUS. *Gory*. Sénégal.
SENEGALENSIS. *Dejean*. Ib.
(Du cabinet de M. Gory.)

Long. 3 lignes $\frac{1}{2}$. Larg. 2 lignes $\frac{1}{2}$.

Nigro-sericeus; clypeo quadridentato; thorace globoso; femoribus posticis dentatis.

Chaperon quadridenté. Corselet globuleux, presque carré, avec une petite ligne longitudinale dans son milieu.

Élytres avec de petites lignes longitudinales et de petits poils courts et assez serrés sur les lignes.

Fémurs postérieurs, dans les mâles, armés d'une épine aussi longue qu'eux.

Entièrement noir soyeux.

SISYPHUS CRISPATUS. *Dejean*. Cap B.-Esp.
(Du cabinet de M. Chevrolat.)

Long. 3 lignes $\frac{1}{2}$. Larg. 2 lignes.

Nigro-hirtus; clypeo sexdentato; elytris crispatis.

Chaperon avec six petites dents. Corselet échancré antérieurement, arrondi postérieurement, presque méplat.

Élytres très-triangulaires, crispées.

Noir, et tout couvert de petits poils forts et très-serrés; le corselet en est tout entouré.

Sisyphus Hirtus. *Gory*. Sénégal.

Pygmæus. *Dejean*. Ib.

(Du cabinet de M. Gory.)

Long. 2 lignes. Larg. 1 ligne.

Hirtus, punctatus ; clypeo emarginato ; elytris sulcatis.

Chaperon bidenté. Corselet arrondi, très-ponctué.
Élytres fortement striées et ponctuées.

Entièrement noir, mais tout couvert de petits poils ferrugineux, courts, et si serrés qu'à peine aperçoit-on la couleur du fond.

Sisyphus Neglectus. *Hope*. Gogo (Indes).

(Du cabinet de M. Gory.)

Long. 5 lignes ½. Larg. 2 lignes ¼.

Niger ; clypeo bidentato ; thorace elytrisque punctatis elevatis.

Chaperon bidenté. Corselet arrondi, peu bombé, couvert de petits points élevés.

Élytres très-rétrécies postérieurement, couvertes de petits points élevés, disposés en lignes longitudinales, avec un enfoncement près de la suture et de l'extrémité.

Entièrement noir.

Cette espèce m'a été communiquée et donnée par M. Hope.

Sisyphus Minutus. *Fabr.* Cap. B.-Esp.

(Du cabinet de M. Gory.)

Long. 2 lignes. Larg. 1 ligne ¼.

Clypeo sexdentato, nigro; pedibus posticis elongatis.

Fabr. *Syst. Eleuth.* t. 1. p. 5-. n° 11.
Fabr. *Ent. Syst.* 1. 70. 236. *Scarabæus Minutus.*
Oliv. *Ins.* 1. 3. 154. 202. tab. 19. fig. 177. *Scarab.*
Longipes.

Chaperon avec six petites dents, relevé sur ses côtés.
Corselet lisse, avec de petits poils rudes assez éloignés les
uns des autres.

Élytres de la forme de celles du *Schæfferi*, et couvertes
de petits poils rudes et disposés longitudinalement.

Entièrement noir; premiers articles des antennes fauves:
le reste noir.

Cette espèce se trouve aussi dans l'Inde. M. Hope m'en
a communiqué un individu que je croyais être une nou-
velle espèce; mais, après un mûr examen, je me suis
convaincu que ce n'était que la même, seulement sa
couleur noire est brillante et lui donne des reflets ver-
dâtres.

Cette jolie petite espèce m'a été donnée par M. Hope.

IMPRIMERIE DE PLASSAN ET COMP., RUE DE VAUGIRARD. N° 15

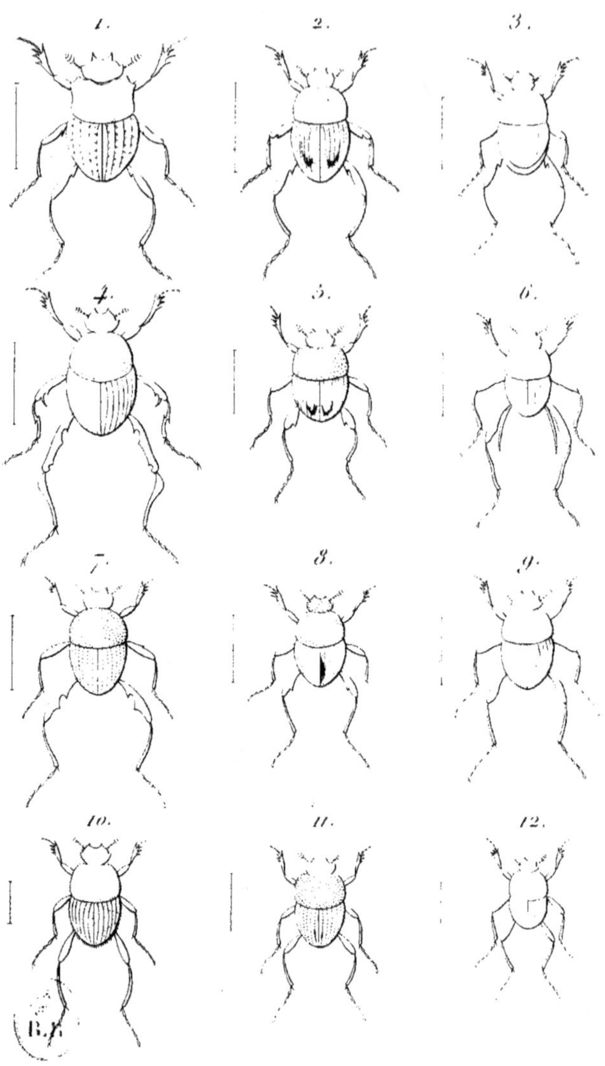

1. Sisyhus Muricatus.   5. S. Schœfferi.   9. S. Crispatus.
2. S. Quadricollis.   6. S. Armatus.   10. S. Hirtus.
3. S. Hessii   7. S. Rugosus.   11. S. Neglectus.
4. S. Spinipes.   8. S. Capensis.   12. S. Minutus.

P. Dumenil pinx.   Duprésel sc.